Margot Scheffold

Tierärztin Tilly Tierlieb

# Hase Schnuffi

Illustriert von Dorothea Tust

BAUMHAUS VERLAG

Alle Angaben in diesem Buch sind sorgfältig geprüft und erfolgen nach bestem Wissen und Gewissen. Sorgfalt bei der Umsetzung ist dennoch geboten und jeder Anwender muss selbst prüfen, ob die Angaben nicht durch neuere Kenntnisse überholt sind. Dazu gehört z. B. im Zweifelsfall einen Tierarzt zu konsultieren, Beipackzettel zu Medikamenten zu lesen und Gebrauchsanweisungen zu befolgen.
Der Verlag und die Autoren übernehmen keinerlei Haftung für Personen-, Sach- oder Vermögensschäden, die aus der unsachgemäßen Anwendung der vorgestellten Materialien und Methoden entstehen könnten.

Wir danken Dr. med. vet. Kristian Faulstroh
von der Tierärztlichen Klinik Dr. Faulstroh & Dr. Eichhorn
für seine fachliche Beratung.



Lektorat: Gabi Strobel/Sigrid Burkhart
Umschlag: Jutta Hohl-Wolf
Layout u. Typographie: Helmut Schaffer / Hans-C. Clas
ISBN 3-8339-3601-0



Gesamtverzeichnis schickt gern: Baumhaus Verlag,
Juliusstraße 12, D-60487 Frankfurt am Main
http://www.baumhaus-verlag.de

5 4 3 2 1 05 06 07 08 2009

**Tilly Tierlieb**

ist Tierärztin und heißt eigentlich Dr. Ottilie Mann. Schon als kleines Mädchen hat sie ihren Spitznamen „Tilly Tierlieb“ erhalten. Kein Wunder: Sie hat Tiere schon immer geliebt.

**Frau Förster**

ist die Mutter von Sina und Max und genießt es, am Stadtrand zu leben: Im Grünen und doch nah bei der Stadt. Als Kind hat sie gern mit Katzen gespielt.

**Herr Förster**

ist der Vater von Sina und Max und freut sich immer über einen Grund zum Basteln. Er baut alles: eine Puppenwiege, einen Kaufladen und natürlich auch eine Hasenburg für Schnuffi!

# Inhalt

## Geheimnis im Garten

Sina und Max wohnen am Stadtrand.
„Im Grünen“, sagt Mama, und das gefällt ihr. Die Stadt ist nicht besonders groß. Aber in der Straße von Max und Sina ist sie zu Ende. Dahinter wird die Straße zum Weg, und statt Häusern gibt es Felder. Weiter hinten kommen Wiesen – und dann der Wald.
Den sieht man aber nur vom Kinderzimmerfenster aus. Die Zimmer von Max und Sina liegen nämlich im ersten Stock. Wenn die beiden im Garten spielen, sehen sie zwar viel Grün. Doch das ist nicht der Wald,

sondern eine Hecke. Die wächst rund um den Garten herum und ist zwei Meter hoch. Mindestens. Jedenfalls ist sie größer als Paps. Also riesig.

In einer Ecke steht ein Haselnussstrauch – ganz eng an der Hecke. Fast könnte man meinen, seine Blätter wachsen aus der Hecke.
Die Stelle ist der Lieblingsplatz von Sina und Max. Unter der Haselstaude haben sie ein Versteck. Einen geheimen Unterschlupf, nur für Kinder – Große passen nicht hinein.
Den Eingang sieht man kaum. Man muss die Zweige zur Seite schieben und in die Öffnung neben der Hecke kriechen. So kommt man in eine grüne Höhle. Eine Wand ist dunkelgrün und gerade, das ist die Hecke.

Die anderen Wände und die Decke sind hellgrün und gebogen. Das ist der Haselnuss-Strauch. In der Mitte steht eine Säule, die sich gleich über dem Boden verzweigt. Das ist

der Haselnuss-
Stamm. In einer
Astgabel
klemmt eine
Blechdose. Hier
sammeln die beiden
ihre Schätze: bunte Steine zum Beispiel. Oder eine kleine Feder. Sie ist schmal, hellblau und weiß gestreift mit schwarzen Spitzen. Und das Beste: Eine zerbrochene Eierschale, die sie am anderen Ende des Gartens gefunden haben – direkt unter dem Vogelbeerbaum. Die Schale ist hellgrün mit vielen kleinen braunen Tupfen.

„Sag schon, Sina“, drängt Max immer wieder, „was für ein Vogel ist denn aus dem Ei geschlüpft?“

Doch Sina weiß es selbst nicht. „Vielleicht ein Wundervogel“, sagt sie.

„Mit blau-weißen Federn und einem lila-orange-roten Schwanz. Ein Sina-Max-Vogel. Erst hat er die Schale durchgepickt und ist als kleiner, nasser Vogel rausgeschlüpft. Aber jetzt ist er schon groß und kann richtig fliegen. Vielleicht kommt er mal zu Besuch und will sein Nest wieder sehen. Und vielleicht kommt er sogar zu seiner Eischale zurück und findet sie hier bei uns."
„Au ja!", jubelt Max. „Gleich kommt er hier hereingeflattert und ist ganz zahm! Dann haben wir endlich ein eigenes Tier!"

## Ein eigenes Tier

Max und Sina lieben Tiere. Schon lange wollen sie ein eigenes: Max will einen Hund, Sina will ein Pferd. Ihr Zimmer hat sie mit Pferdepostern geschmückt. Eine Fuchsstute mit ihrem Fohlen, ein schwarzer Pferdekopf mit glänzenden Augen – und ein Schimmel auf der Wiese. Der gefällt ihr am besten.

Nach den Ferien darf sie reiten lernen. Dann kommt sie in die dritte Klasse und gehört zu den Großen.
„Ein neuer Lebensabschnitt“, sagt Papa.
„Für mich aber auch!“, schreit Max,

denn er kommt in die Schule. „Ich will einen Hund."
Mami lacht: „Hör mal, kleiner Mann, in der Schule erlebst du genug Neues – auch ohne Hund."
„Aber dann bin ich ein großer Mann", sagt Max trotzig, „und brauche einen Hund."
Sina lacht: „Mini-Max, du spinnst! Seit wann brauchen Männer einen Hund?"

„Um einen Freund zu haben", antwortet Max, „und um Abenteuer zu erleben. Wie Tim und Struppi – oder Obelix und Idefix."
Schwestern! Alles muss man ihnen extra erklären! Acht Jahre und so was von begriffsstutzig!
„Außerdem bin ich kein Mini-Max mehr. Ich bin jetzt sechs und komme in die Schule!"
„Weißt du was?", unterbricht Mama. „Du kannst dich schon jetzt maximal nützlich machen – wenn du willst."
Max runzelt die Stirn. Nützlich machen? Und dann noch freiwillig? Bestimmt ist das ein Trick. Erst heißt es „nützlich machen" oder „was für Große", und dann soll man sein Zimmer aufräumen. ‚Darauf falle ich nicht herein', denkt er und sagt:

„Ich muss noch spielen, ich hab keine Zeit."
Schnell sagt Sina: „Dann eben ich."
Jetzt fällt es Max wieder ein: Es ist fünf Uhr – Zeit zum Milchholen!

## Beim Bauern

„Sina! Warte! Ich bin dran! Du bist gemein!“ Maxi schreit und schreit, während er hinter Sina herflitzt. Raus aus dem Haus, die Treppe runter, quer über die Einfahrt. Durchs Gartentor, die Straße lang. Sina ist schneller: Klapp, klapp, klapp, läuft sie durch die Siedlung. Klonk, klonk, klonk, scheppert die Milchkanne.

Plötzlich bleibt Sina stehen.
„Mensch, Max“, sagt sie, „wie schnell du läufst. Das ist ja Wahnsinn!“
Jetzt hat Maxi sie eingeholt. Schon will er eine patzige Antwort geben, da merkt er, dass Sina es ernst meint:

„Ehrlich, wenn du atmest, statt zu brüllen, musst du eine Rakete sein."
Max Rakete will nach der Kanne greifen, doch die Freundlichkeit seiner Schwester hat Grenzen.
„Du wolltest ja nicht Milch holen. Du hast doch gesagt, dass du keine Zeit hast."
„Oh Mann", mault Maxi. Damit meint er Sina, obwohl die ja ein Mädchen ist.

„Oh Mann, Sina! Du hast doch gehört, was Mama gesagt hat: Ich soll mich nützlich machen! Wie das schon klingt!"
Plötzlich müssen sie beide lachen. Stimmt: Nützliche Sachen machen keinen Spaß. Bis auf das Milchholen. Aber vielleicht liegt das daran, dass man es mit unnützen Dingen verbindet? Mit Tiere-Gucken zum Beispiel. Aber wer sagt denn, dass Tiere-Gucken unnütz ist? Man kann dabei doch so viel lernen!

Max erinnert sich genau, wie es war, als Sina ihn zum ersten Mal mitgenommen hat. Auf dem Bauernhof hat er nur gestaunt. Die vielen Tiere! Hund Hasso, dessen Hütte im Hof steht. Kater Peterle, der immer um den Heuschober streicht.

Und die vielen, vielen Kühe im Stall!
„Spielt keiner mit dem Hund?
Wer streichelt die Katze? Und was machen die Kühe den ganzen Tag?“, hat Max aufgeregt gefragt.

Sina hat gesagt: „Maxi, die Tiere sind nicht zum Spielen da – die arbeiten hier.“
Das hat er sich gemerkt. Die Kühe haben die Aufgabe, Milch zu geben.
Jeden Abend werden sie gemolken.

An der Melkmaschine hängen große Kannen. Die Bäuerin bringt die vollen Kannen nach nebenan in die Milchkammer. Sie gießt die Milch in ein riesiges Stahlfass. Dort wird sie gereinigt und gekühlt – bis der Mann vom Milchwerk kommt und sie mit seinem Tankwagen abholt. Die Milch schmeckt wirklich lecker. Deshalb macht es doppelt Spaß, sie zu holen.

„Haaallo!“ Sina und Max schauen zur offenen Stalltür hinein. Wo ist denn die Bäuerin? Beim Melken ist sie nicht. Nur die Kühe stehen da – rechts und links an der Wand entlang. Sie rupfen Gras aus den Futterrinnen und kauen. Langsam, aber intensiv. Hin und her. Her und hin. Ganz gemütlich.

Als die Kinder in der Stalltür auftauchen, drehen die Wiederkäuer sich um. Ihre Ketten klirren leise, aber sonst ist es still. Bis die rote Berta „Muuuuh“ macht. Oder war es Dora? Emma? Oder Walli? Egal – Max und Sina können die Kühe sowieso nicht unterscheiden. Für sie sehen alle gleich aus. Mit großen, dunklen Augen mustern sie die Kinder. ‚Harmlos!‘, denken sie und: ‚Weiter fressen!‘

Nur manche gucken und gucken und vergessen sogar zu kauen. „Bestimmt überlegen sie: Seit wann kommen die denn zu zweit?“, flüstert Sina und zieht ihren Bruder aus dem Stall.

In der Milchkammer ist auch niemand. In der Gerätehalle und bei den Traktoren auch nicht. Mit vereinten Kräften öffnen sie das große Tor

und lugen in den Hof. Wieder niemand! Nur Hasso döst in der Sonne. Als er die beiden bemerkt, kommt er schwanzwedelnd auf sie zu.
„Komm“, sagt Sina zu Max. „Schauen wir mal in die Scheune da drüben. Irgendwo muss Frau Reichel ja sein.“

In der Scheune waren sie noch nie. Aber zu zweit geht vieles einfacher. Sie nehmen ihren Mut zusammen und fassen sich an den Händen.
Doch sie müssen gar nicht bis zur Scheune laufen. Zwischen Scheune und Stall steht Frau Reichel. Sie macht sich an einer Gitterwand zu schaffen. In der Hand hält sie einen Eimer mit Futter.
Sina und Max laufen los. Tatsächlich: An der Rückwand des Kuhstalls sind jede Menge Hasenkäfige.

Drei Reihen übereinander! Hinter den wabenförmigen Gittern sitzen oder liegen Hasen – Riesenhasen. Alle sind weiß mit schwarzen Tupfen. Sie haben Tupfen um die Augen, Tupfen auf der Nase. Tupfen an den Ohrspitzen – und sogar Tupfen am Po!

„Die Hasen sind ja riesig," sagt Max. Er ist schwer beeindruckt.
Frau Reichel lacht. „Tja", sagt sie, „das sind auch Deutsche Riesen."
Max sieht Sina an: Soll das ein Witz sein? Frau Reichel versteht seinen Blick. „Nein, wirklich!", lacht sie. „Die heißen so: Deutsche Riesen."

„Aber die hier sind doch ganz klein!“, schreit Max und zeigt auf den nächsten Käfig. „Mini-mini-mini-klein!“
„Stimmt“, sagt Frau Reichel. „Die Große hat Junge gekriegt.“

Zusammen mit Sina kommt sie näher. Jetzt sieht Sina es auch: Ganz hinten im Käfig ist eine Kuhle ins Stroh gedrückt. Dort liegen fünf oder sechs knuffige Fellbündel. So genau kann man das gar nicht sehen, denn die Winzlinge kuscheln sich in einem wilden Haufen aneinander. Eines legt dem anderen die Pfote über den Rücken, ein anderes drückt sein Kinn auf den Vordermann. Der stupst den Dritten an, und obenauf fläzt ein Vierter. Halb verdeckt döst ein Fünfter und – ja! Da hinten steckt noch ein Sechster.

„Lauter Hasenbabys!“, jubelt Sina.
„Schlafen die?“, fragt Max.
„Nicht unbedingt“, erklärt Frau Reichel. „Sie sind blind. Deswegen haben sie die Augen geschlossen.“
Die Kinder sind betroffen: „Blind? Oje – wie schrecklich!“
„Nein, nein“, tröstet die Bäuerin. „Das ist ganz normal. Sie kommen blind und taub auf die Welt. Außerdem sind sie nackt.“

Das findet Max komisch. Er muss lachen. „Stimmt ja gar nicht“, sagt er, „die haben doch ein Fell!“
„Aber ein ganz kurzes“, betont Frau Reichel. „Siehst du – es ist wie Samt. Das kommt, weil die Kleinen schon eine Woche alt sind. Ein paar Tage lang konnte man die nackte Haut sehen. Allmählich wächst ihr Fell – und in ein paar Tagen werden sie Augen und Ohren öffnen.“
Die Ohren! Stimmt – sie sehen anders aus als bei den großen Hasen. Ganz glatt sind die Öhrchen nach hinten gelegt. Wie eine Frisur.
„Wollt ihr sehen, wie sie die Augen öffnen und die Ohren aufstellen?“, fragt Frau Reichel. „Dann schaut einfach öfter vorbei. Wenn ihr zum Milchholen kommt, könnt ihr ja über den Hof laufen.“

## Der Hasenpate

Nie zuvor war Max ein so eifriger Milchholer. Sicher – Milchholen hat immer Spaß gemacht. Aber jetzt ist es doppelt schön. Jeden Tag steht er vor dem Hasenstall und beobachtet seine Babys. Genau – seine Babys! Sina kommt zwar mit, aber eines steht fest: Die Hasen haben sie in seiner Woche entdeckt. Und das Nest hat er sowieso als Erster gesehen. Also gehören die Kleinen ihm. Dabei sind sie gar nicht mehr so klein. Jeden Tag werden sie ein Stückchen größer.

„Na, ihr Minis“, sagt Max und versucht, die Fellbündel durchs Gitter zu streicheln. „Bald seid ihr echte Maxis, passt nur auf. Das geht schnell!“

Schade, dass er die Kleinen nicht in die Hand nehmen darf!

„Warte lieber, bis sie von selbst kommen“, rät Frau Reichel.

„Solange sie noch bei der Mutter trinken, lassen wir sie besser in Ruhe.“

Dafür bekommt die Hasenmama Extra-Futter: hartes Brot, Kartoffel-

reste und Möhren, Sellerie und Brokkoli. Außerdem Gras, Heu –

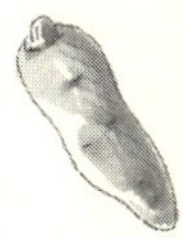

und jede Menge Wasser. Das wird von außen in eine Art Plastik-

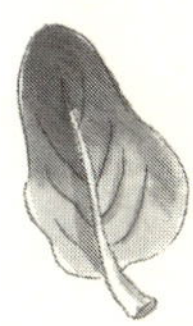

flasche gefüllt, die kopfüber an der Käfigtür hängt. Das untere Ende ist ganz schmal und zeigt in den Käfig. Dort kann die Hasenmutti nuckeln, so viel sie will. Wie an einem Strohhalm.

„Das Wasser muss lauwarm sein“, erklärt Frau Reichel, während sie die Tränken füllt. „Wenn es zu kalt ist, bekommen sie Bauchschmerzen.“
Max macht große Augen und nickt. „Ja – und gechlortes Wasser muss man abkochen und abkühlen lassen,“ sagt er. „Oder stilles Mineralwasser verwenden.“
Frau Reichel ist begeistert: „Du merkst dir ja alles – super!“

Kein Wunder – zu Hause hat Max kein anderes Thema mehr: Hasen, Hasen, Hasen. Immer wenn er vom Milchholen kommt, gibt es den neuesten Bericht: „Heute haben sie die Augen aufgemacht."
„Sie spitzen schon die Ohren!"
„Jetzt haben sie ein richtiges, flauschiges Fell."
Doch damit hat er nicht gerechnet: Als er wieder einmal seine Schützlinge beobachtet, beginnen ein paar ganz naseweise, die Umgebung zu erkunden. In alle Richtungen krabbeln sie davon. Der Haufen entwirrt sich und Max schreit:
„Da! Ein Schwarzes!"
Sofort kommt Frau Reichel zu ihm. „Stimmt", sagt sie. „Das hab' ich schon gesehen. Das kommt vor – leider."

„Wieso leider?“ Max wundert sich.
„Der sieht doch lieb aus!“
„Willst du ihn?“, fragt Frau Reichel.
„Ich schenk ihn dir.“
Max ist selig: Ein kleiner Deutscher Riese, ganz für ihn allein.
„Weißt du“, sagt Frau Reichel, „Deutsche Riesen müssen weiß mit schwarzen Flecken sein.“

„Und der hier – ist der nicht mehr deutsch?“ Max will es ganz genau wissen.
„Doch, sicher“, sagt Frau Reichel, „schließlich ist er hier geboren, oder? Aber er ist kein Tüpfelhase.“

‚Komisch‘, denkt Max. ‚In Wahrheit ist es doch so: Vor lauter Flecken sieht man den Hintergrund nicht mehr. Deshalb ist der Kleine schwarz statt weiß-gescheckt.‘
„Eigentlich müsste er Ober-Tüpfel heißen“, erklärt er seinen Eltern beim Abendbrot.
„Oder Blacky“, lacht Mama.
„Blacky?“ Sina wundert sich. „So heißt doch der Lieblingsschauspieler von Oma.“
„Genau“, erklärt Papa, „denn ‚black‘ ist englisch und heißt ‚schwarz‘.“

„Ja, aber der Mann hat weiße Haare,“ bohrt Sina, „richtig weiß!“
Jetzt schmunzelt Paps: „Früher waren seine Haare schwarz – richtig schwarz.“
„Dann ist Blacky kein guter Name für meinen Hasen“, sagt Max. „Der ist unter dem Schwarz vielleicht weiß, aber ich glaube, Farben sind ihm schnuppe.“
Er stutzt. „Oh Mann!“, ruft er. „Schnuppe! Der Hasenzwerg schnuppert doch immer! Schnuffschnuff, schnuffschnuff – die ganze Zeit! Ich glaube, er will Schnuffi heißen!“
Gesagt und beschlossen: Maxis Hase heißt Schnuffi. Und er macht seinem Besitzer alle Ehre, denn er fällt nicht nur durch sein Fell auf. Er wächst auch schneller als seine Geschwister. In kürzester Zeit wird aus

dem Mini-Häschen ein Maxi-Baby. Und Maxi päppelt seinen Liebling. Jeden Tag gibt's Leckerbissen: Feldsalat, Löwenzahnblätter oder Petersilie. Die liebt Schnuffi besonders. Wenn Maxi mit der Petersilie lockt, kommt er sofort angehoppelt und lässt sich streicheln. Das hat er gern. Putzen kann er sich aber selbst – mit der Zunge, mit den Zähnen und mit den Vorderpfoten. Das sieht besonders niedlich aus.

„Jetzt ist er doch schon groß", bettelt Max in den Ferien. „Darf ich ihn jetzt mitnehmen?"

„Einverstanden", bestimmt Frau Reichel. „Er ist acht Wochen alt, das genügt. Er muss nicht mehr bei seiner Mutter bleiben. Wenn du zu Hause alles vorbereitet hast, darfst du ihn abholen."

# Schnuffi kommt!

„Oh Mann, oh Mann! Oh Mann, oh Mann!“ In seiner Aufregung und Freude kann Max kaum sprechen. „Stellt euch vor: Schnuffi kommt!“ „Aber nicht in die Wohnung!“ Da ist Mama streng: „Sonst macht er ein Bächlein auf den Teppich oder knabbert die Möbel an.“
Leider hat sie Recht: So was kann passieren. Max weiß das. Einmal hat er Frau Reichel gefragt, warum sie ihre Hasen nicht im Haus hat. „Weil es zu viele sind“, hat sie lachend gesagt. „Weil ich die Kühe auch nicht in der Küche habe. Und weil Hasen nicht stubenrein sind.“

Max kann das nicht glauben. Schließlich sieht er jeden Tag, dass die meisten Stallhasen sehr sauber sind. Fast alle benutzen eine bestimmte Käfigecke als Toilette. Bei der Käfigreinigung ist das praktisch: Mit der Streu wirft man die Köttelchen einfach weg.

„Zwei Mal in der Woche muss man das Stroh wechseln, damit der Käfigboden sauber und trocken bleibt“, erklärt Frau Reichel beim Ausmisten. „Für Zimmerkaninchen gibt es sogar extra Kaninchentoiletten, die aussehen wie kleine Plastikhöhlen. Die sind besonders leicht zu reinigen.“

Zusammen mit Sina überlegt Max: Wo soll Schnuffi wohnen? Wahrscheinlich wird er riesig. Ein Kaninchenkäfig aus der Zoohandlung ist

ihm dann sowieso zu eng. Er soll es gut haben – und viel, viel Platz bekommen.
„Hör mal, dein schwarzer Zwerg ist doch Frischluft gewöhnt. Lass ihn doch einfach im Garten“, schlägt Mama vor.
„Au ja – wir bauen einen Hasenstall!“, sagt Papa. Er freut sich wie ein Schneekönig, wenn er einen Grund zum Basteln findet. Ein Schaukelpferd für Max, eine Puppenwiege für Sina, ein Kasperletheater oder ein Kaufladen für beide – Papa baut alles. Sägen und Feilen, Schrauben und Hämmern – das macht ihm Spaß. Beim Lackieren lässt er sich dann gerne helfen. So kommt es, dass das Schaukelpferd grün ist, das Puppenbett rosarot mit blauen Sternen, der Kaufladen

lilagelb und das Kasperletheater bunt gestreift. Schließlich haben Max und Sina mitgemalt.
Jetzt versucht Papa, sie zu überreden. „Wir bauen eine große Holzkiste – viel größer als die Hasenställe bei Reichels. An der Längsseite gibt es ein Gitter. Das ist Schnuffis Haustür. Durch sie kann er rein und raus. Und wenn er im Häuschen bleibt, hat er eine schöne Aussicht. Die Kiste stellen wir auf Holzklötze, damit sie Abstand vom Boden hat. So bekommt Schnuffi auch im Winter keine kalten Füße."
Kalte Füße? Ganz erstaunt denkt Max, dass er sich noch nie Schnuffis Füße angesehen hat. Das muss er unbedingt nachholen! Doch Papa redet weiter: „Oben drauf kommt ein wasserfestes Dach. Es muss ein

bisschen überstehen, damit es bei schlechtem Wetter nicht in den Käfig regnet. Außerdem soll man es aufklappen können, denn von oben geht das Käfigputzen leichter.“

Papas Pläne sind prima, findet Max.

Doch Sina sagt: „Schnuffi soll es schön haben. Ich will nicht, dass sein Häuschen im Regen steht.“

„Ja“, ruft Max, „Schnuffi soll selbst entscheiden, wann er raus will!“

Sina denkt nach: „Vielleicht kann er im Anbau wohnen? Dort ist es windgeschützt, der Holzboden wärmt ihn – und wir können auch bei Regen mit ihm spielen.“

„Das ist eine gute Idee“, findet Papa, und auch Mama ist einverstanden.

Das Schnuffi-Haus wird gebaut und in den Anbau gestellt. Das ist ein

überdachter Essplatz, der zur Terrasse offen ist. Ab sofort wird er zur Hasenvilla: Ein großes Holzhaus, in dem ein selbst gebautes, kleines Holzhaus steht.
„Und der Futternapf?“, fragt Sina.
„Den müssen wir bemalen“, sagt Max. „Das langweilige Braun mag Schnuffi bestimmt nicht.“
„Aber nur außen“, meint Mama.

„Sonst schleckt er die Farben ab und bekommt Bauchschmerzen."
„Ist gut", willigt Max ein und macht sich ans Werk. Bald sieht der Futternapf ganz anders aus: orange-grün-blau gestreift. „Das sind die idealen Hasenfarben", erklärt Max, der Maler: „Karotten-Orange, Petersilien-Grün und Nuckelwasser-Blau."
„Stimmt", sagt Sina. „Oder orange wie die Sonne, blau wie der Himmel, grün wie das Gras. Wenn Schnuffi seinen Napf ansieht, denkt er entweder an seine Leibspeisen – oder er will verreisen."
„Ja!!", ruft Max, „Schnuffi soll so viele Ausflüge machen, wie er will! Wir lassen die Käfigtür offen, dann kann er immer hinaus ins Grüne hoppeln".
Und nachdenklich sagt er: „Schnuffi ist ganz schön schlau. Er hat extra

ein anderes Fell gekriegt als seine Verwandten, damit er weg kommt aus dem Bauernkäfig."
„Na, das hat er durch dich ja geschafft", sagt Papa und fährt Max mit der Hand durchs Haar: „Alter Hasenbefreier."

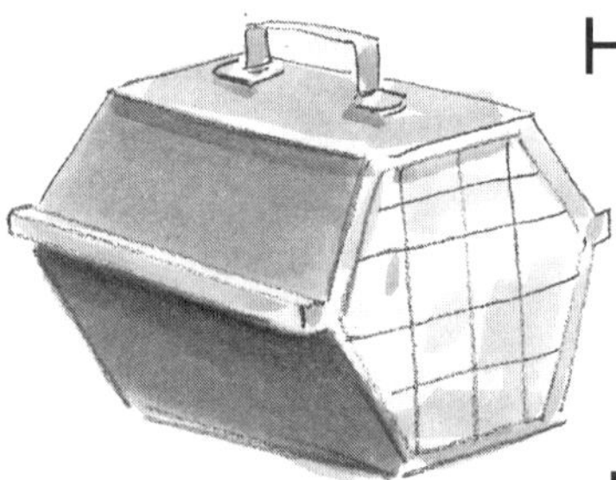

Stolz begleitet Max, der Hasenbefreier, seine Mutter ins Zoogeschäft. Sie besorgen eine Transportkiste mit Henkel, eine Hasentränke, Bodenstreu und Knabberstangen.

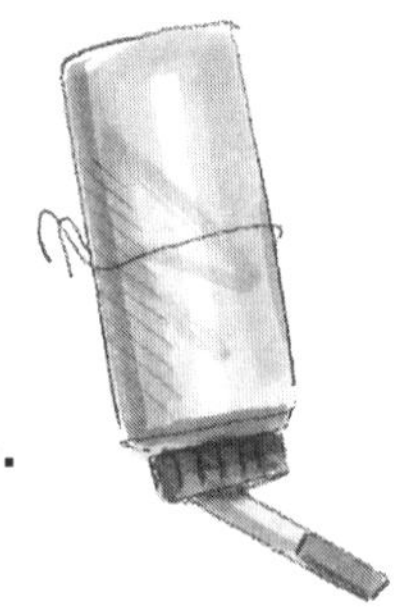

Hasen lieben Leckerlis. Außerdem sind die Knusperriegel gesund.

„Wenn dein Schnuffi solche harten Stäbchen mümmelt,

werden seine Hasenzähne nicht so lang. Das ist wichtig, weil er sonst nicht mehr richtig fressen kann“, sagt der Mann in der Zoohandlung.

Am Abend nimmt Max den Henkelkäfig in die eine Hand und die Milchkanne in die andere. So marschiert der Hasenbefreier und Napfbemaler durchs Dorf – zum Bauernhof von Reichels.
Frau Reichel geht mit Max von der Milchkammer zu den Hasenställen. Sie öffnet den Käfig und hebt Schnuffi heraus.
„Sieh mal“, sagt sie. „So geht das: Zwischen den Schulterblättern hat er eine leere Hautwelle. Gleich hinter den Ohren. Hier kannst du das Fell richtig nach oben ziehen, ohne

dass er es spürt. Aber nimm die ganze Hand, wenn du ihn packst. Wenn du mit einzelnen Fingern nach ihm fasst, zwickst du ihn, und das tut weh. Und noch was: Fass ihn nie ohne Vorbereitung von oben an. Das würde ihn erschrecken, weil er glaubt, ein Raubvogel will ihn packen. Geh immer von vorne auf Hasen zu, damit sie dich sehen. Wenn Schnuffi am Boden sitzt, mach dich klein und geh in die Hocke. Sprich ihn leise an, damit er dich erkennt. Und lass ihn an deiner Hand schnuppern – hier am Handrücken. So erkennt er deinen Geruch am besten. Diesen Duft merkt er sich. Also pass auf, dass du nicht zu stark nach Seife oder Creme riechst, wenn du zu ihm gehst. Kannst du dir das merken?“

„Natürlich“, sagt Max: „Runter bücken, reden, nicht erschrecken, schnuppern lassen.“
„Prima“, lobt Frau Reichel, „und jetzt kommt's: Greif mit der einen Hand in das lose Rückenfell hinter den Ohren und heb ihn hoch. Schieb die zweite Hand unter sein Hinterteil und stütz ihn ab. Siehst du? Er hält ganz still. Nur wenn es kneift, fängt

er an zu zappeln. Das ist gefährlich, denn wenn du ihn fallen lässt, kann er sich wehtun.“

Aber Max macht alles richtig. Vorsichtig hebt er seinen Hasen aus dem Stall und schiebt ihn in den Tragekäfig. Eine Handvoll Stroh aus Schnuffis altem Käfig ist schon drin. Frau Reichel hat es hineingelegt, damit für Schnuffi nicht alles neu ist. Sofort erkennt er den Geruch. Das beruhigt ihn – und Max ist glücklich.

Frau Reichel gibt ihm eine Tüte. „Ich habe ein Büschel Stroh aus

Schnuffis Babystall hineingetan“, sagt sie. „Leg es in seinen neuen Käfig und lass ihn dann erst mal alleine. Er kann sich danach leichter eingewöhnen.“

„Danke“, strahlt Max. Er nimmt die Tüte, greift nach der Milchkanne und hebt den Käfig hoch. Jetzt hat er alle Hände voll zu tun. Stolz und froh stapft der Hasenbefreier nach Hause.

## Freunde

Zu Hause setzt Max das Häschen samt Schnupperstroh in seinen neuen Käfig. Schnuffi macht sich steif. Nur an der Seite zittert sein Fell, weil er so schnell atmet. Er drückt sich flach auf den Boden und legt die Ohren nach hinten. Das heißt: ‚Bitte tu mir nichts. Ich habe Angst.‘ Frau Reichel hat Max die Hasensprache erklärt.
Schnuffis Nase zuckt. Er beginnt zu schnuppern.
„Siehst du“, sagt Max, „du kennst den Geruch. Und mich kennst du auch. Ich bin dein Freund.“
Er bleibt kurz vor dem Käfig sitzen.

Dann lässt er Schnuffi die Ruhe, die er zum Eingewöhnen braucht, und geht ins Haus.

Es ist ganz still im Garten. Die Hecke raschelt im Wind, und Vögel zwitschern im Baum. Hasen hören das gern. Nur laute Geräusche machen ihnen Angst. Max weiß das. Aber Schnuffi muss nicht ängstlich sein. Als er das merkt und sich an die neue Umgebung gewöhnt hat, hoppelt er zu seinem Napf und beginnt zu fressen. Dann leckt er seine Pfötchen und streicht sich damit über die Ohren. Erst rechts, dann links. Am Ende legt er sich wieder hin und streckt alle viere von sich. Max lugt in den Anbau und versteht das Zeichen: Jetzt ist Schnuffi entspannt. Sie können Freunde werden.

In den nächsten Tagen verbringen Max und Sina besonders viel Zeit mit Schnuffi. Sie reden mit ihm, lassen ihn an ihrer Hand schnuppern und streicheln ihn. Ganz langsam. Vom Kopf bis über den Rücken. Schön gleichmäßig, immer in derselben Richtung. Oder sie kraulen ihn hinter den Ohren. Das hat er besonders gern.
Manchmal bringen sie ihm Leckerbissen. Wie seine Mutter liebt Schnuffi Petersilie. Er frisst sie sogar

aus Maxis Hand. So verbindet er den Petersilienduft mit dem Geruch von Max und merkt, dass aus seiner Hand nur Gutes kommt.
Bald kommt er angehoppelt, wenn Max ihn leise ruft. Und er erkundet seine Umgebung. Bei einem Ausflug in den Garten entdeckt er die grüne Laubhöhle von Max und Sina.
Schnuffi mag den Haselstrauch auch – er hat ihn sogar zum Fressen gern. Wenn er Heu gemümmelt oder Gemüse verspeist hat, nascht er zum Nachtisch gerne Haselzweige.
Erst will Sina ihn verjagen, doch Max erklärt: „Hasen müssen knabbern. Das hält ihre Zähne kurz und sie bleiben gesund.“
Jetzt versteht Sina Schnuffis Verhalten. Doch der hat noch andere Marotten. Neben seinem Häuschen

liegt ein umgedrehter Pflanzkübel. Das ist sein Lieblingsplatz – eine richtige Aussichtsplattform.

Überhaupt behält Schnuffi gerne den Überblick. Weil das Gras im Garten sehr hoch ist, hält er bei seinen Erkundungen immer wieder an. Er setzt sich auf die Hinterbeine und macht Männchen. Dann dreht er den Kopf in alle Richtungen und schnuppert. Wenn alles in Ordnung ist, lässt er sich wieder auf die Vorderpfoten fallen und hoppelt weiter. Manchmal macht er es sich gemütlich. Wenn die Sonne scheint, streckt er sich auf der Terrasse aus. Er drückt den Bauch auf die warmen Steine und döst. Beim Schlafen und Fressen darf man ihn nicht anfassen, sonst wird er böse und beißt.

Wenn ihm die Sonne allzu sehr auf den Pelz brennt, zwinkert er ein bisschen, hoppelt davon und legt sich in den Schatten. So kann er Stunden verbummeln.
Aber wehe, ein Unbekannter kommt in den Garten! Dann macht Schnuffi mobil. Blitzschnell setzt er sich auf und spitzt die Ohren. So sieht er noch ein wenig größer aus. Dann rümpft er die Nase und schnuppert nach allen Seiten. Und vor allem:

Er faucht und knurrt. Das klingt richtig böse. Max jubelt: „Wenn Schnuffi groß ist, wird er ein richtiger Wachhase. Und wir brauchen keinen Hund mehr!“
„Schnuffi ist der beste“, sagt Sina.
„Schnuffi ist der Boss“, betont Max.
Bei ihm ist der Hase handzahm. Statt Fremde zu erschrecken, will er schmusen und spielen. Das zeigt er, indem er Maxi mit der Schnauze anstupst. Das heißt: ‚He, du da oben! Streichle mich!‘
Kaninchen stupsen sich auch gegenseitig an, wenn sie Gesellschaft wollen, aber Schnuffi ist ein Einzelhase. Er kann nur mit Menschen spielen. Wenn er auf der Seite liegt, kann man die Unterseite seiner

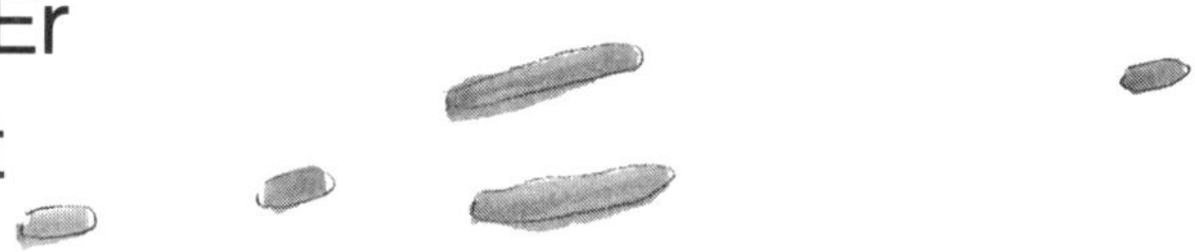

Pfoten sehen. Dort wächst kein Fell. Vorsichtig greift Max nach einer Vorderpfote. Die Unterseite fühlt sich an wie kleine Lederpolster – schwarze Lederpolster. Nur an der rechten Vorderpfote sind die Ballen rosarot mit schwarzen Tupfen. „Die Reste vom Deutschen Riesen“, murmelt Max. „Aber schwarz gefällst du mir besser. Viel, viel besser.“ Vorsichtig nimmt er die Pfote in die Hand und bewegt sie auf und ab: „Guten Tag!“

Sina lacht: „Bestimmt denkt er: ‚Was will der Spinner?‘ “

Max protestiert: „Von wegen!

Er denkt sich: ‚Oh! Mein Haustier: ein Menschenkind!‘“
„Und Pfötchen geben kann es auch schon“, prustet Sina los. Dabei streicht sie selbst mit dem Finger über Schnuffis Lederfüße.

## Schnuffi ist verletzt

Eines Tages entdeckt Sina Blut an Schnuffis Pfötchen: Schnuffi ist verletzt! „Maxiiii!“, schreit sie. „Schnell! Schau mal Schnuffis Fuß an!“
„Oh Mann“, sagt Max und wird ganz blass. „Der hat ja eine Schramme.“
„Und an der Kralle blutet er“, sagt Sina. Auch sie ist erschrocken. „Was machen wir denn jetzt?“
„Er muss zum Arzt!“, schreit Max. „Schnell!“

Mama holt das Telefonbuch und sieht nach: Es gibt ziemlich viele Tierärzte in der Stadt. Nur: Welcher ist der beste?

Zum Glück geht Max schon seit ein paar Wochen zur Schule. Langsam buchstabiert er:
„Doktor S-C-H-R-A-M-M. Au ja, den nehmen wir! Schnuffi hat doch eine Schramme – das passt."
Sina hält ihn zurück: „Eine Tierärztin wäre mir lieber." Sie liest noch einmal ganz genau. „Hier, ich habe eine gefunden!", ruft sie.
Doch Mama sagt: „Die Praxis ist am anderen Ende der Stadt. Das ist zu weit – und für Schnuffi viel zu anstrengend. Besonders, wenn er richtig krank ist."

„Schnuffi ist nicht krank!", schreit Max. Er ist wütend – wenn er nur wüsste, welcher Arzt der beste ist! Mit dem Finger fährt er die Zeilen entlang. Auf einmal ruft er:

„Oh Mann, oh Mann!"
„Was ist denn?", will Sina wissen.
„Hier!", schreit Max und tippt auf die Seite. „Hier: O. Mann!"
„Was – oh Mann?", fragt Sina. Dann sieht sie es selbst. Im Telefonbuch steht: „O. Mann, Kleintier-Sprechstunde. Montag bis Freitag 10 bis 12 Uhr und 16 bis 17 Uhr."

„Oh Mann – Doktor O. Mann, den nehmen wir! Der ist bestimmt ein guter Arzt.“ Max ist wild entschlossen.
„Woher weißt du denn, dass es ein Arzt ist?“, fragt Sina. „Vielleicht ist es ja eine Ärztin.“
„Und wie soll die heißen? Oma vielleicht?“ Max wird allmählich sauer. Schwestern! Unmöglich!
Aber Sina denkt nach. „Olga“, sagt sie dann: „Vielleicht heißt sie Olga.“ Aber sie glaubt es selbst nicht – so ein seltener Name!
„Quatsch“, sagt Max. „Der heißt höchstens Olaf – oder Otto.“
„Find’ ich gut“, sagt Sina und lacht. Schon sind die beiden sich einig. Sie bringen Schnuffi zur Praxis von Doktor Mann. Mama fährt sie hin. Zum Glück ist es nicht weit.

## In der Tierarzt-Praxis

Max will den Henkelkäfig selbst tragen. Das ist ziemlich anstrengend. ‚Schnuffi, du bist ganz schön schwer geworden', denkt er und sagt zu Sina: „Siehst du, wie groß er ist? Er passt ja kaum noch in die Transportkiste."

Bei der Anmeldung werden sie gefragt: „Wie heißt denn der Patient?"
„Schnuffi", sagt Max.
„Ein Kaninchen?", fragt die nette Dame.
„Nein", protestiert Max, „ein Hase!"
„Und wie alt ist er?"
Mami meint: „Etwa drei Monate."

„Ist er geimpft?“, fragt die Frau. Diesmal weiß auch Mama nicht weiter. „Wieso geimpft? Wogegen?“
„Myxomatose und eventuell gegen die China-Seuche“, sagt die Frau.
„Wie bitte?“
„Myxomatose ist eine Krankheit, die vor allem Wildkaninchen bekommen“, erläutert die Frau: „Tränende Augen, geschwollene Lider, dicker Kopf. Sehr unangenehm – und unheilbar.“
„Aber das ist ein Stallhase“, sagt Max, „kein Kaninchen. Und ganz bestimmt nicht wild.“
„Aber er darf doch in den Garten, oder?“
„Stimmt“, sagt Max, „aber da gibt es auch keine wilden Kaninchen.“
„Die Krankheit wird durch Insekten übertragen“, erzählt die Frau. „Wenn ihr am Stadtrand wohnt und Felder,

Wiesen und Wälder in der Nähe sind, kann es schon passieren, dass eine Mücke zuerst ein krankes Kaninchen sticht und dann euren Schnuffi."

Max und Sina sind entsetzt. Schnuffi soll nicht angesteckt werden! Die Verletzung am Fuß ist schon schlimm genug.
Mama denkt ähnlich: „Können wir ihn impfen lassen?", fragt sie.
Die Frau antwortet: „Selbstverständlich – wenn er jetzt keine Medizin braucht, die sich mit dem Impfstoff nicht verträgt. Was hat er denn?"
„Er blutet am Fuß", erzählt Max, „aber wir wissen nicht, wieso."

Die Frau füllt eine Karte aus, und sie dürfen ins Wartezimmer. Dort stellt Max den Käfig auf einen leeren

Stuhl und setzt sich daneben. Jetzt sitzen alle in einer Reihe: Schnuffi, Max, Sina, Mama. An der anderen Wand sitzt eine alte Dame. Neben ihr steht ein Vogelkäfig in Kuppelform. Leider kann man den Vogel nicht sehen, denn sie hat ein Tuch über den Käfig gehängt. Sina und Max sehen sich an. Beide haben denselben Gedanken: Und wenn es der Sina-Max-Vogel ist?

Der blau-weiße Wundervogel mit dem bunten Schwanz? Die Dame bemerkt ihre Blicke.

„Das ist ein Kakadu“, sagt sie. „Wollt ihr ihn mal sehen?“ Beide nicken. Da zieht die Dame das Tuch ein wenig zur Seite. Auf einer Stange sitzt ein hellgrauer Vogel mit einem Federkamm auf dem Kopf. Er hat rote Bäckchen und weiße Ringe um die Augen. Gott sei Dank! Der Wundervogel ist es nicht!
„Was hat er denn?“, fragen Sina und Max wie aus einem Mund.
„Er ist alt und müde“, sagt die Dame. „Ich möchte, dass er

Vitamine bekommt – irgendetwas, das ihn wieder munter macht.“ Schnell deckt sie den Käfig wieder ab, denn von der anderen Seite des Zimmers ertönt ein Fauchen. Ziemlich dünn, aber immerhin: ein Fauchen. Eine junge Frau hält eine kleine Katze in ihrem Schoß. Das Tierchen steht aufrecht da und reckt den Kopf nach vorn, Richtung Vogelkäfig. Als der Vogel unter dem Tuch verschwindet, entspannt sich das Kätzchen wieder und kuschelt sich auf dem Schoß der jungen Frau zusammen.
„Ist die Katze auch krank?“, fragt Sina.
„Nein“, entgegnet die Frau, „und das soll auch so bleiben. Ich will sie impfen lassen.“
Mama sieht Sina an, Sina sieht Max an:

„Seht ihr? So eine Impfung muss sein“, sagt Mama, und die Geschwister nicken.
„Tut das weh?“, fragt Max.
„Ich glaube nicht“, meint Mama.
Sina sagt gar nichts. Erst jetzt bemerkt sie, dass neben der Türe noch jemand sitzt. Ein Junge, ungefähr so alt wie sie, vielleicht ein bisschen älter. Jedenfalls ist er größer. Er hat dunkle Locken und sieht richtig lieb aus. Findet Sina. Neben ihm liegt eine Kiste, die aussieht wie die von Schnuffi. Der Junge drückt sie an sich.
„Hey!“, sagt Maxi und springt auf. „Wer bist denn du?“
Schon hockt er vor dem Kistchen und steckt einen Finger durch das Gitter.
Dahinter sitzt ein Minihase.

„Lenni," sagt der Junge und grinst. „Wenn du *mich* meinst. Und mein

Kaninchen heißt Hops. Er ist super – nur sprechen kann er nicht."

Sein Lächeln vertieft sich.

„Äh", sagt Maxi. Er sieht den Jungen an und stockt. „Ich heiße Max." Lenni lächelt weiter.

„Und du?", fragt er Sina.

Die guckt nach unten und schlenkert mit den Beinen. „Sina", sagt sie zu ihren Schuhen und wird rot.

Max wundert sich: Was ist denn jetzt los?

Lenni fragt nach: „Lina?"

Sina wird noch ein bisschen röter und sagt: „Na-hien. Sie-na!"

Dabei durchbohrt sie ihre Fußspitzen mit Blicken.

Max verdreht die Augen:
Was geht denn hier ab?
Lenni und Lina!
So ein Blödsinn!

„Was ist mit Hops?“, fragt er ungeduldig. „Ist er krank?“
„Nicht wirklich“, sagt Lenni und macht eine lange Pause.
Jetzt reißt Sina sich von ihren Schuhspitzen los und sieht Lenni an. Max tut das sowieso. Er findet den großen Jungen klasse. Immerhin liebt er Tiere – genau wie er!
„Also, ich wollte schon immer ein eigenes Tier“, erklärt Lenni. „Jetzt habe ich Hops. Und ich will, dass es ihm gut geht. Aber er sitzt nur herum. Ich glaube, er hat ein Problem.“
Das klingt traurig, aber Maxi strahlt trotzdem. Er freut sich, dass er Lenni getroffen hat.

Auch Sina ist begeistert. Wie Lenni sich um sein Kaninchen kümmert – einfach lieb! Außerdem hat er blaue Augen. Zu seinen dunklen Haaren sieht das richtig süß aus. Aber sie kann ihn ja nicht dauernd anstarren. Auch wenn er noch so nett lächelt. Max hat da keine Probleme. Er setzt sich neben Lenni und fragt ihn aus. Vor allem über sein Kaninchen. „Darf er in dein Zimmer? Wie lange hast du ihn schon? Schau mal: Schnuffi hat eine Schramme."

Während ihr Bruder plappert, wandert Sinas Blick von Lenni zur Eingangstür und von dort zu der zweiten Tür im Raum. Bestimmt führt sie ins Sprechzimmer. An der Tür hängt eine bunte Kinderzeichnung.

Das Papier ist ziemlich vergilbt, aber das Bild ist gut zu erkennen. Es zeigt ein Mädchen mit langen, glatten Haaren und viele, viele Tiere: Hunde, Katzen, Vögel, ein Pferd und eine Maus. Die meisten haben ein Problem: geknickte Ohren, hängende Schwänze. Manche weinen, andere bluten. In der Mitte steht das Mädchen, breitet die Arme aus und lacht. Es trägt eine weiße Schürze und hat eine Art Hut auf dem Kopf.

Auf beiden ist ein rotes Kreuz zu sehen. ‚Eine Krankenschwester', denkt Sina. Dann liest sie, was über dem Mädchen steht – jeder Buchstabe in einer anderen Farbe: TILLY TIERLIEB. ‚Vielleicht hat das die Tochter von Doktor Mann gemalt', denkt Sina. Da bewegt sich das Bild: Die Tür geht auf.

## Tilly Tierlieb

Eine junge Frau mit Pferdeschwanz schaut ins Wartezimmer und sagt fröhlich: „Die nächsten, bitte. Hops – und Schnuffi. Das passt ganz gut zusammen, glaube ich.“
Sina, Max und Lenni sehen sich an.
„Prima“, sagt Mama. „Gehen wir!“

Im Sprechzimmer fragt Max: „Wo ist denn der Doktor?“
Die junge Frau lacht. „Na, ich bin der Doktor“, sagt sie. „Habt ihr gedacht, eine Frau kann nicht Mann heißen?“
„Doch“, sagt Max und bleibt stur, „aber nicht Olga.“

„Ich heiße ja auch nicht Olga, sondern Ottilie“, lacht die Tierärztin. „Das ist noch schlimmer, oder?“

„Oh Mann, oh Mann – Ottilie“, rutscht es Max heraus.

Die Tierärztin lacht immer noch: „Aber alle nennen mich Tilly.“

„Tilly Tierlieb!“, ruft Sina.

„Stimmt genau“, sagt die Tierärztin, „du hast das Bild an meiner Tür aber genau angeguckt! Das hat mir eine Freundin gemalt, als ich so alt war wie ihr. Ich habe Tiere sehr geliebt

und wollte schon immer Tierärztin werden. Deshalb hatte ich den Spitznamen Tilly Tierlieb. Und ich finde, er passt. Für mich ist das die Tierarztpraxis Tilly Tierlieb – aber das kann man ja nicht ins Telefonbuch schreiben. Höchstens an die Sprechzimmertür. – So", unterbricht sie sich. „Mal sehen: Was haben eure Hasen denn?"
„Das ist ein Kaninchen", sagt Lenni, „und ich glaube, es ist traurig."
Tilly Tierlieb schaut in die Patientenkarte: „Einzelkaninchen, vier Monate. Seit wann ist er denn so teilnahmslos?"
„Erst seit zwei Wochen", antwortet Lenni. „Davor war er viel lustiger."
„Frisst er? Trinkt er? Und lässt er sich streicheln? Oder wird er böse, wenn du ihn anfasst?"

„Nein, nein“, wehrt Lenni ab. „Er ist nur – irgendwie traurig.“
„Ich glaube, du hast Recht“, sagt Tierärztin Tilly Tierlieb. „Kaninchen sind nämlich sehr gesellig. Wildkaninchen leben immer zu mehreren in einem Bau. Das ist eine Höhle mit Gängen, die sie in die Erde graben. Deswegen brauchen Wohnungskaninchen immer ein Häuschen, in dem sie sitzen können – als Ersatz für die Höhle.“
Lenni nickt. Max und Sina nicken auch – und Mama denkt nach.
Tilly Tierlieb redet weiter:
„Kaninchen brauchen aber auch Spielkameraden. Ein Mensch kann ihnen das nie ersetzen – und wenn er noch so viel mit seinem Kaninchen spielt. Ich glaube, Hops ist einsam. Mit vier Monaten ist er alt genug,

eine eigene Familie zu haben, deshalb ist es jetzt um so schlimmer für ihn. Meinst du, deine Eltern kaufen ein zweites Kaninchen, damit Hops einen Freund hat?“
Lenni schüttelt den Kopf. „Wir haben eine kleine Wohnung, und Mama sagt jetzt schon, der Hopser ist immer im Weg.“
„Das heißt, er darf durch die Wohnung laufen“, stellt die Tierärztin fest. „Das ist doch nett von deiner Mama. Und gut für dein Kaninchen. Du solltest nur ein paar Dinge beachten: Lass ihn nie über die Tischplatte hoppeln. Wenn er abstürzt, kann er sich alle Knochen brechen. Hier ist das anders“, sagt sie und holt den Kleinen aus der Box. Vorsichtig setzt sie ihn auf den Tisch in der Mitte des Sprechzimmers.

„Hier kann ich die Tiere untersuchen“, erklärt sie den Kindern. „Seht ihr? Die Oberfläche ist aus Stahl. So kann ich sie leicht putzen, zum Beispiel wenn ein Tier blutet. Oder wenn es vor Schreck ein Bächlein macht.“ Sina, Max und Lenni hören aufmerksam zu. Die Tierärztin spricht weiter: „Der Rand ist nach

oben gezogen, seht ihr? Für Hops ist das wie ein Geländer. Er kann gar nicht hinunterpurzeln.“
Aber Hops versucht erst gar nicht, sich zu bewegen. Er drückt sich flach auf den Tisch und legt die Ohren an. Max weiß Bescheid. Lenni auch: Der Kleine hat Angst. Sie versuchen ihm zu helfen. Max streichelt ihm sanft den Rücken, Lenni lässt ihn an seiner Hand schnuppern. Und Sina legt einen Petersilienstängel vor Hops, den sie extra für Schnuffi mitgebracht hat.

## Alles wird gut

Die Tierärztin beobachtet die drei. „Ihr macht das gut“, sagt sie und lächelt. Und zu Lenni sagt sie: „Am besten wäre es natürlich, dein Hops könnte auch mal an die frische Luft. Aber wenn das nicht geht, musst du ihm in der Wohnung Bewegung verschaffen. Das ist sehr wichtig für ihn. Wenn du ihn aus dem Käfig lässt, denk bitte an die Zimmertüren. Lass sie entweder zu – oder auf. Nur: Bewege sie nicht! Kaninchen sitzen gern in den Ecken hinter der Tür. Wenn man dann nicht aufpasst, kann es passieren, dass man das Kaninchen einklemmt.

Noch etwas: Habt ihr Pflanzen auf dem Boden stehen? Nein? Das ist gut, denn Kaninchen brauchen frisches Grünzeug. Deshalb knabbern sie gerne Zimmerpflanzen an. Nur leider sind manche für sie giftig, zum Beispiel Weihnachtssterne und Azaleen. Stell deinem Hops lieber eine kleine Mümmelwiese hin. Im Sommer gibst du ihm eine Schale mit Wiesengras, im Winter pflanzt du ein bisschen Weizengrün.

Und jetzt kommt das Allerwichtigste: Im Zoogeschäft gibt es Kaninchenbrücken aus Holz. Über die kann das Kaninchen laufen. Vorne rauf, hinten runter.

Das trainiert seinen Gleichgewichtssinn und die Bewegung hält es fit und fröhlich. Unter der Brücke kann es sich verstecken – wie in einer Höhle. Und von oben hat es eine prima Aussicht. Mit so einem Spielzeug geht es deinem Hops gleich wieder besser."

Jetzt nimmt die Ärztin Schnuffi aus der Box und setzt ihn ebenfalls auf den Tisch.

„Mal sehen, was wir da haben", sagt sie und will nach Schnuffis Pfote greifen. Doch der große Hase und das kleine Kaninchen fangen beide an zu schnuppern.

„Sie interessieren sich füreinander", sagt die Tierärztin. „Da bin ich ja mal gespannt." Sie lässt Schnuffi los, Lenni lässt Hops los. Ganz, ganz vorsichtig hoppeln die beiden

auf der glatten Tischoberfläche aufeinander zu. Der schwarze Riese und der hellbraune Zwerg. Dann hocken sie voreinander und beschnuppern sich. Sie hopsen zur Seite und stupsen sich an.
„Sieht gut aus“, strahlt Tilly Tierlieb. „Die werden Freunde, so viel steht fest.“
Dann hält sie Schnuffi mit einer Hand fest und hebt mit der anderen

seine Vorderpfote an. „Eine Schürfwunde“, stellt sie fest – „und Blut an der Kralle. Das kommt vom Graben.“
Max staunt: „Graben? Schnuffi ist ein Hase!“
„Eben nicht“, sagt die Tierärztin. „Wenn man es genau nimmt, waren seine Vorfahren Kaninchen.“
„Na bravo!“, platzt Mama heraus. „Ich hab’s mir fast gedacht. Unter unserem Anbau ist nämlich neuerdings die Erde hervorgescharrt, vielmehr der Sand. Ich habe die ganze Zeit überlegt, welches Tier wohl dort hinunterkriecht.“
Max und Sina staunen: „Schnuffi gräbt sich eine Höhle?“
Und Lenni sagt: „Die würde Hops bestimmt gefallen!“
Tilly Tierlieb schmunzelt: „Immer mit der Ruhe – erst muss ich euren Rie-

sen verarzten. Dann kann er bald weiter buddeln."
Vorsichtig schneidet sie Schnuffis Fell neben der Schramme ab. „So kann nichts verkleben und die Wunde aufreißen", erklärt sie. Dann holt sie eine kleine, dunkle Glasflasche und einen Wattebausch. Sie tränkt die Watte mit der Flüssigkeit aus dem Fläschchen. „Ringelblumen-Tinktur", sagt sie, während sie Schnuffis Schramme betupft. „Die hilft bei der Wundheilung."

Zum Schluss sprüht sie etwas auf die Wunde und über die Kralle. „Ohne das Sprühpflaster würde er die Tinktur ablecken. Und die Kralle heilt auch besser.
So – damit sind wir fertig.

Jetzt noch die Impfung, dann haben die beiden es überstanden.“
Tierärztin Tilly Tierlieb zieht eine Spritze auf. Eine wasserhelle Flüssigkeit ist darin. „O je“, sagt Sina. Lenni zuckt zusammen, und Max macht die Augen zu.
„Kein Grund zur Panik!“, lacht die Ärztin. „Ein kleiner Pieks – und schon ist es vorbei. Also: Das war’s!“
„Danke“, sagt Mama.
Die Kinder strahlen: Sie strahlen Tilly Tierlieb an – und sie strahlen sich gegenseitig an.

„Das war spannend“, sagt Lenni. „Total spannend“, sagt Max. „Ich werde Tierärztin“, sagt Sina. Dann streichelt sie Hops noch einmal, ehe er in seiner Box verschwindet. Max packt Schnuffi ein. „Komm uns doch mal besuchen!“, sagt er zu Lenni. „Und bring Hops mit!“
„Au ja“, meint Sina, „sie können zusammen spielen. Dann muss Hops nicht mehr traurig sein.“

Sie verabschieden sich von der Tierärztin und gehen schwatzend hinaus. An der Tür drehen sie sich noch einmal um und winken. Tierärztin Tilly Tierlieb winkt zurück. Draußen tauschen sie Telefonnummern aus. Dann will Lenni gehen. „Ich wohn gleich um die Ecke“, sagt er.

„Wir begleiten dich nach Hause“, beschließt Mama. „Dann sehen wir gleich, wo du wohnst.“

„Genau!“, meint Max.

„Das ist wichtig für Freunde. Und nächstes Mal kommst du zu uns.“

## Tipps vom Tierarzt

### 1. Passt ein Kaninchen in unsere Familie?

Viele Kinder mögen Kaninchen. Kein Wunder: Sie sind klein und kuschelig, sie mögen Gesellschaft und man kann sie sogar in einer kleinen Wohnung halten. Wenn du dir ein Kaninchen nach Hause holst, übernimmst du die Verantwortung dafür, dass es dem Kleinen bei dir gut geht. Dazu musst du ein paar Dinge wissen.

Zum Beispiel, dass Kaninchen nicht gern allein sind. In der Natur leben Wildkaninchen in größeren Gruppen zusammen. Sie spielen miteinander,

sie kuscheln sich aneinander, sie putzen sich gegenseitig. Deshalb musst du dir für dein Kaninchen viel Zeit nehmen: Beschäftige dich jeden Tag mindestens eine Stunde mit ihm. Sonst wird es traurig oder sogar krank.

Für wilde Spiele sind Kaninchen aber nicht zu haben. Sie sind eher gemütlich, Lärm und Hektik machen sie nur nervös und ängstlich. Deshalb leben Kaninchen auch nicht gern mit laut kreischenden Vögeln zusammen.

Auch Hundegebell erschreckt sie – aber das liegt nicht nur am Lärm. Kaninchen haben Angst vor Hunden und vor Katzen, denn in der Natur sind

diese Tiere ihre Feinde. Trotzdem können Kaninchen, Katze und Hund friedlich zusammenleben. Am besten geht das, wenn sie von klein auf aneinander gewöhnt sind.
Problemlos vertragen sich Kaninchen mit Meerschweinchen. Am allerliebsten aber sind Kaninchen zu zweit.

Wenn du dir ein Kaninchen wünschst, frag deine Eltern, ob du nicht gleich zwei bekommen kannst.
Aber keine Männchen, denn die kämpfen miteinander, wenn sie größer werden. Weibchen vertragen sich gut miteinander, vor allem wenn sie Geschwister sind oder zusammen aufwachsen. Am besten wäre ein Pärchen. Das Männchen muss dann kastriert werden, wenn es drei bis sechs Monate alt ist. Sonst bekommen deine Kaninchen alle paar

Wochen Junge – und die Jungen bekommen wieder Junge und die wieder. Dann hast du in einem halben Jahr die Wohnung voller Kaninchen, deine Eltern sind sauer und für die Kleinen ist der Spaß auch vorbei. Kaninchen brauchen nämlich jeden Tag Bewegung – am besten Freilauf.
Nur im Käfig will kein Kaninchen sein – und wäre es noch so klein und der Käfig noch so groß.

## 2. Wie wohnt ein Kaninchen?

Genau genommen braucht dein Kaninchen eine Wohnung in der Wohnung: einen Käfig als seine eigene, kleine Privatwohnung – und eure Familienwohnung. Auch hier müssen bestimmte Dinge erfüllt sein, wenn das Kaninchen mal außerhalb des Käfigs unterwegs ist. Dazu steht weiter hinten noch mehr.

In der Natur leben Wildkaninchen in einem unterirdischen Bau. Diese Höhle schützt sie vor Feinden, vor Regen und Schnee, vor Hitze und Kälte. Das alles brauchen Wohnungskaninchen natürlich nicht. Trotzdem lieben sie es, sich in einem Häuschen zu verstecken. Deshalb sollte in dem Käfig ein kleines Haus mit flachem Dach stehen.

Dazu muss der Käfig groß genug sein: mindestens 90 Zentimeter lang und 50 breit. Noch besser wären zwei Käfige, die man zusammenbaut, oder ein größerer Käfig.

Außerdem brauchst du ein, zwei Futternäpfe, eine Nippeltränke und eine Heuraufe. Den Käfigboden bedeckst du mit Weichspänen aus der Zoohandlung und Stroh. Diese Unterlage ist weich und saugfähig zugleich.
Kaninchen sind aber sehr reinlich.
Ihr Geschäft machen sie meistens in derselben Ecke. Dort stellst du eine Kaninchentoilette auf, die du mit Streu füllst.

### 3. Wie oft muss ich sauber machen?

Die Futterschüssel musst du jeden Tag heiß auswaschen und trocknen, damit sich keine Essensreste ansammeln, die das Kaninchen krank machen würden. Auch das Stroh im Käfig solltest du einmal am Tag auflockern. Einmal in der Woche musst du die Nippeltränke auseinandernehmen und säubern.

Zwei Mal pro Woche musst du Stroh und Einstreu wechseln – auch in der Kaninchentoilette. Dann solltest du auch den Käfigboden heiß abbrausen, trocknen und neu befüllen. Das Käfigoberteil musst du nur einmal im Monat reinigen.

## 4. Welche anderen Arbeiten muss ich regelmäßig erledigen?

Besonders wichtig ist regelmäßiges Füttern: Heuraufe und Nippeltränke müssen jeden Tag frisch gefüllt werden. Außerdem musst du morgens Trockenfutter geben und abends Grünfutter.
Dazu kommt der Auslauf im Zimmer – ideal sind drei Mal zwanzig Minuten pro Tag. Insgesamt solltest du dich mindestens eine Stunde lang mit deinem Kaninchen beschäftigen, mit ihm reden und es streicheln.

Damit es deinem Freund gut geht, kannst du ihm außerdem zwei Mal in der Woche beim Putzen helfen. Fellpflege ist Freundschaftspflege.
Wenn du deinem Kaninchen beim

Enthaaren mit einer kleinen, weichen Bürste hilfst, gibst du ihm damit eine sanfte Massage. Und Kaninchen lieben Massagen. Du wirst sehen: zum Dank schleckt es dir mit seiner Kitzelzunge die Hand.

## 5. Was frisst mein Kaninchen?

In der Natur ernähren sich Wildkaninchen von Rüben, Kartoffeln und anderen Ackerpflanzen.

Deshalb brauchen sie saftiges Futter: Eine Handvoll Löwenzahn, Möhrengrün oder Salat oder auch mal etwas Fenchel, eine Karotte oder drei Röschen Brokkoli.

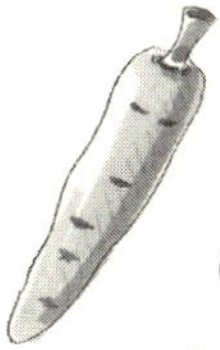

Dieses besonders geeignete Futter musst du waschen und trocknen, bevor dein Kaninchen es frisst.

Reste des Grünfutters vom Vorabend musst du am nächsten Morgen aus dem Käfig nehmen. Altes, welkes und schmutziges Futter ist für Kaninchen nämlich genauso schädlich wie nasses oder schimmliges Grünzeug – oder kaltes Futter direkt aus dem Kühlschrank.

Morgens gibst du deinem Mümmelzwerg ein Schälchen mit Trockenfutter aus der Zoohandlung. Es besteht aus so genannten Pellets, das sind gepresste Körner, Pflanzenteile, Trockengemüse und Vitamine.
Als besonderen Leckerbissen oder als Belohnung – zum Beispiel, wenn es auf seinen Namen hört und zu dir kommt – kannst du deinem Kaninchen einen Apfelschnitz geben, einen Petersilienstängel oder ein Stück Knäckebrot. Aber niemals Süßigkeiten – die sind für Kaninchen nämlich schädlich!

## 6. Was mag mein Kaninchen – und was mag es nicht?

Kaninchen lassen sich gerne streicheln und kraulen – wenn man es richtig macht und sie nicht erschreckt. Wenn du dich jeden Tag mit deinem Kaninchen beschäftigst, wird es bald handzahm werden. Sprich leise mit ihm und kraule es hinter den Ohren. Verwöhne es mit kleinen Leckerbissen aus deiner Hand. Und ganz wichtig: Geh nur von vorne auf das Kaninchen zu, sonst bekommt es Angst. Wenn du es ohne Vorbereitung von oben packst, erschrickt es zu Tode. Es glaubt dann, ein Raubvogel hat es gepackt. Geh deshalb immer von vorne auf dein Kaninchen zu, sprich leise mit ihm und lass es an deiner Hand schnuppern, bevor du es hochhebst.

Wenn es schläft, frisst oder sich putzt, lass es in Ruhe, sonst wird es nervös und scheu.
Böse werden Kaninchen auch, wenn man sie falsch behandelt. Sie mögen es gar nicht, wenn man ihr Fell gegen die Wuchsrichtung reibt, sie am Kinn oder an der Unterseite krault oder an den Schnurrhaaren ziept. Auch wenn du das Kaninchen ständig herumträgst oder gegen seinen Willen auf dem Schoß festhältst, wird es sauer.

Kaninchen bewegen sich gerne. Wenn dein Kaninchen handzahm ist, kannst du ihm einen Ausflug ins Zimmer erlauben. Lass dabei die Käfigtür offen, damit das Kaninchen schnell zurückhoppeln kann, sobald es Angst bekommt.
Wenn es sich wohl fühlt, erforscht es die Wohnung auf seine eigene Weise:

Es knabbert alles Mögliche an. Möbel, Tapeten, Vorhänge, Teppiche und sogar Kabel. Deshalb musst du gut auf dein Kaninchen aufpassen. Wenn es etwas Verbotenes macht, klatsche einmal, aber nicht zu laut, in die Hände und sage: „Pfui!“

Am besten baust du in der Wohnung eine Holzbrücke auf. Unter ihr kann dein Kaninchen sich verstecken – das tut es gern. Und wenn es oben drüber läuft, muss es sein Gleichgewicht halten. Das ist eine gute Übung. Es kann aber auch ganz oben sitzen bleiben und die Aussicht genießen. Das macht vielen Kaninchen besonderen Spaß.

## 7. Werden Kaninchen stubenrein?

Normalerweise sind Kaninchen sehr reinlich: Sie erledigen ihr Geschäft immer in derselben Käfigecke. Bei Ausflügen in die Wohnung stellst du eine zweite Toilette an eine Stelle, an der sich dein Kaninchen gerne aufhält. Wenn du etwas Streu und ein paar Köttelchen aus der Käfigtoilette hineinlegst und das Kaninchen immer wieder hineinsetzt, wird es sich daran gewöhnen, auch die Zimmertoilette zu benutzen.

Manche Kaninchen werden allerdings nie richtig stubenrein.
Wenn sie ihre Kügelchen in der Wohnung fallen lassen, kannst du sie aber mit dem Staubsaugerrohr leicht entfernen. Wenn sie Bächlein auf den

Teppich machen, wird es schwieriger. In der Zoohandlung gibt es dafür spezielle Reinigungsmittel.

Wenn deinem Kaninchen eine solche Panne passiert, darfst du es aber trotzdem nicht bestrafen. Es würde nur handscheu werden. Dann lässt es sich nicht mehr einfangen oder es wird aggressiv und beißt.

## 8. Was muss ich in unserer Wohnung sonst noch beachten?

Kaninchen sind Nagetiere. Sie werden immer wieder versuchen, etwas anzuknabbern, wenn du mal nicht aufpasst. Schon deshalb solltest du bei einem Wohnungsausflug deines Kaninchens dabei sein und genau aufpassen.

Wenn es nur am Teppich nagt oder die Möbel anknabbert, ärgern sich deine Eltern. Wenn es aber in ein Stromkabel beißt, kann das für ein Kaninchen lebensgefährlich sein. Deshalb sollten Kabel für Kaninchen unerreichbar sein.

Aber auch andere Stellen in der Wohnung können gefährlich sein.

Auf glatten Böden können Kaninchen ausrutschen, hinter Türen können sie eingeklemmt werden, wenn man nicht aufpasst, und manche Pflanzen sind sogar giftig. Weihnachtssterne, Narzissen und Azaleen zum Beispiel. Sie sollten immer weit weg von deinem Kaninchen stehen, damit es gar nicht erst an ihnen knabbern kann.

Überhaupt sollte ein Kaninchen sich nur auf dem Boden bewegen. Kaninchen sind nämlich kurzsichtig. Wenn du sie hochhebst und zum Beispiel auf einem Tisch laufen lässt, könnten sie herunterfallen und sich verletzen.

Habt ihr einen Garten? Dann bitte deine Eltern, mit dir zusammen ein Freigehege für dein Kaninchen zu bauen. Sonne, Licht und frische Luft, Grasgeruch und Gartendüfte sind für dein Kaninchen nämlich das Größte. Wenn es hier herumhoppeln kann, fühlt es sich wie im Paradies.

## 9. Was kann ich für die Gesundheit meines Kaninchens tun?

Richtiges Füttern und Säubern sind gute Voraussetzungen dafür, dass dein Kaninchen gesund bleibt. Trotzdem kann es sich verletzen – nicht nur, wenn es vom Tisch fällt. Es gibt auch andere Verletzungen, die weniger dramatisch sind.
Manchmal kannst du sogar selbst helfen: Bei Bisswunden kannst du das Fell um die Wunde herum abschneiden und die Wunde mit Ringelblumentinktur betupfen.
Wenn das Kaninchen an der Kralle blutet, tupfe es mit einem Papiertaschentuch ab und gib Pflasterspray auf die Wunde.
Bei leichtem Durchfall gib ihm Kamillentee statt Wasser.

Wenn es allerdings starken Durchfall hat, dazu vielleicht noch einen dicken Bauch und zittrige Beine, musst du sofort zum Tierarzt. Genauso, wenn es gar keine Köttelchen mehr macht.

Auch tränende Augen oder eine laufende Nase kommen bei Kaninchen häufig vor. Schnupfen muss vom Tierarzt – oder von der Tierärztin – behandelt werden, damit das Kaninchen keine Lungenentzündung bekommt. Und gegen die schlimmsten Kaninchenkrankheiten, wie beispielsweise die Hasenpest oder die China-Seuche gibt es zum Glück eine Impfung. Frag deine Tierärztin oder deinen Tierarzt am besten gleich zu Anfang danach, damit dein Kaninchen diese Krankheiten gar nicht erst bekommt.

## 10. Kann ich mich mit meinem Kaninchen unterhalten?

Kaninchen machen zwar wenig Geräusche, aber wenn sie böse werden, „schimpfen“ sie hörbar und stoßen nacheinander kurze Laute aus. Wenn sie fauchen oder knurren, heißt es „Achtung!“ Ein Angriff steht dann kurz bevor.

Dein Kaninchen hat aber auch andere Möglichkeiten, mit dir zu sprechen. Wenn du es gut beobachtest, wirst du es bald verstehen.

Wenn es sich auf dem Boden wälzt, heißt das: „Ach, mir geht's so richtig gut!“ Männchenmachen bedeutet:

„Jetzt will ich es genau wissen – wo gibt's hier was zu sehen oder zu fressen?"

Wenn es einfach dasitzt und die Ohren nach hinten legt, will es sich ausruhen und nicht gestört werden. Legt es sich auf die Seite, streckt alle viere von sich und schließt langsam die Augen, will es schlafen. Dann will es erst recht seine Ruhe.

Drückt es beim Hocken den ganzen Körper flach auf den Boden und den Kopf nach unten, macht es sich klein, weil es Angst hat. Seine Körperhaltung sagt dann: „Bitte tu mir nichts!" Wenn es deine Hand mit dem Schnäuzchen wegschubst, musst du vorsichtig sein. Dein Kaninchen sagt nämlich mit dieser Vorwarnung: „Lass mich bloß in Ruhe – sonst beiße ich."

Aber es gibt auch nette Dinge, die dir dein Kaninchen sagt. Eine ganz leichte Berührung mit der Nase ist zum Beispiel wie eine Begrüßung unter Kaninchen. Beim Menschen heißt das Nasinasi dann „Hey! Du kannst mich ruhig mal streicheln!“
Und wenn dein Kaninchen deine Hand leckt – so wie Kaninchen sich gegenseitig das Fell putzen –, dann heißt das: „Du bist mein Freund. Ich mag dich!“

TIPP VOM TIERARZT

Geprüft von der Tierärztlichen Klinik
Dr. Faulstroh & Dr. Eichhorn,
Frankfurt am Main

Geschichten erzählen war für **Margot Scheffold** schon immer das Größte. Sobald sie schreiben konnte, bastelte sie für ihre jüngere Schwester Bücher. Oft ging es darin um Tiere, denn davon gab es im und ums Forsthaus jede Menge. In Haus und Garten, im Wald und beim Bauern. Im Lauf der Zeit kam so ein ganzer Zoo zusammen. Bald waren die Geschwister Expertinnen für Hasen und Katzen, Hunde und Ponys, Igel und Vögel. Dabei sammelten sie auch jede Menge Erfahrungen beim Tierarzt. Heute lebt Margot Scheffold als Journalistin in München.

**Dorothea Tust** ist in Langenberg im Rheinland geboren und hat in Wuppertal Grafikdesign studiert. Seit ihrem Studium arbeitet sie als freie Illustratorin und hat bislang zahlreiche Kinderbücher und viele, viele Geschichten für die Sendung mit der Maus gezeichnet. Sie lebt in Köln.

*Sina, Max und Lenni kümmern sich um Pony Rocky.*

# Molli Mogels magische

Molli will eine große Zauberin werden. Leider hat sie verbotenerweise das „Große Zauberbuch für Zauberer und Zauberinnen ab 100 Jahre“ benutzt – und wurde dabei erwischt.
Nach einem Jahr Zauberverbot darf sie nun wieder loslegen. Doch Trude Täuschung versucht, Molli wieder in Versuchung zu führen!

Nele Moost/Kerstin Völker

## Molli Mogel – Kleine Zauberin ganz groß!

82 Seiten, vierfarbig illustriert

ISBN 3-8315-0232-3

**€9,90 (D)/€10,20 (A)/sFr 18,10**

**Empfohlen ab 6 Jahren**

*„Eine Geschichte rund um die Zauberei mit einer jungen, fröhlichen Hauptdarstellerin. Zum Selbst- oder Vorlesen geeignet.“*

**Bücherbär**

www.baumhaus-verlag.de

# Abenteuer

Die kleine Zauberin Molli Mogel feiert mit ihren Freunden ein großes Willkommensfest für den Sambatänzer Alfonso. Zur gleichen Zeit sinnt jedoch die fiese Trude Täuschung auf eine neue List: Sie will Molli in Versuchung bringen, einen ihrer Freunde zu verraten – dann würde die Kleine ihre Zauberkraft bis ans Lebensende verlieren ...

Nele Moost/Kerstin Völker

**Molli Mogel –
Verrate nichts, kleine Zauberin!**

82 Seiten, vierfarbig illustriert
ISBN 3-8315-0341-9
**€9,90 (D)/€10,20 (A)/sFr 18,10**

Molli möchte die Meisterschule besuchen. Sie übt fleißig Zaubern. Währenddessen schreibt die fiese TrudeTäuschung an die Prüfungsrunde, dass verschärfte Aufnahmeprüfungen notwendig seien. Postbote Paul will Molli helfen und leiht sich Trudes Zauberkraft. Wird Molli die große Prüfung schaffen?

Nele Moost/Kerstin Völker

**Molli Mogel –
Du schaffst es, kleine Zauberin!**

86 Seiten, vierfarbig illustriert
ISBN 3-8315-0342-7
**€9,90 (D)/€10,20 (A)/sFr 18,10**

**Sina**

liebt Pferde über alles. Sie hat ihr Zimmer mit Pferdepostern geschmückt und träumt von einem eigenen Pony. Außerdem schwärmt sie heimlich für Lenni.

**Max**

Maxi, Mini-Max, 6 Jahre alt. Für Sinas kleinen Bruder steht fest: Ein richtiger Mann braucht einen Hund! Oh Mann, oh Mann – ist das so schwer zu verstehen!

**Lenni**

wohnt mit seiner Mutter und Zwergkaninchen „Hops" in einer Stadtwohnung. Er kennt sich mit Tieren aus und ist einfach cool. Deswegen ist er Maxis großes Vorbild.